草木染
布花图鉴

［日］浅田真理子 / 著

方一未 / 译

U0302650

中国纺织出版社有限公司

写在最初的话：

我从东京搬到香川县的丰岛，大约有1年了。
在岛屿生活中，我开始接触自然，
学会了在花开花落中感受季节的变化。

岛上的母亲们种下花朵，并无微不至地照顾着，
花朵们自然地萌芽、绽开。
我摘下一朵花细细观赏，沉迷其千变万化的颜色和美丽造型。

我把快要枯萎的花朵拿来做装饰，或将它拆解，观察结构，然后画成纸型。
我一边重复着这样的工作，一边结合在东京时的所思所想，
完成了许多布花的制作教程。

将白布用草木染上自己喜爱的颜色，是一种乐趣。
书中用6种材料染出了数种颜色。
即使用同一种材料，也会因为不同的布料，
呈现不一样的颜色，所以染色没有标准答案。

那些色彩并不是花朵盛开时的颜色，而是枯萎前最后的呈现。
它们更能让人感受到花朵褪色时生命的顽强。

沉睡在某个角落里的碎布，也许会重生变成花朵。
制作布花，也能享受从平面变成立体的乐趣。

本书以布花图鉴的方式来介绍20种布花的制作方法。
一起来体验制作布花装饰品的乐趣吧。

目录

草木染

布花图鉴

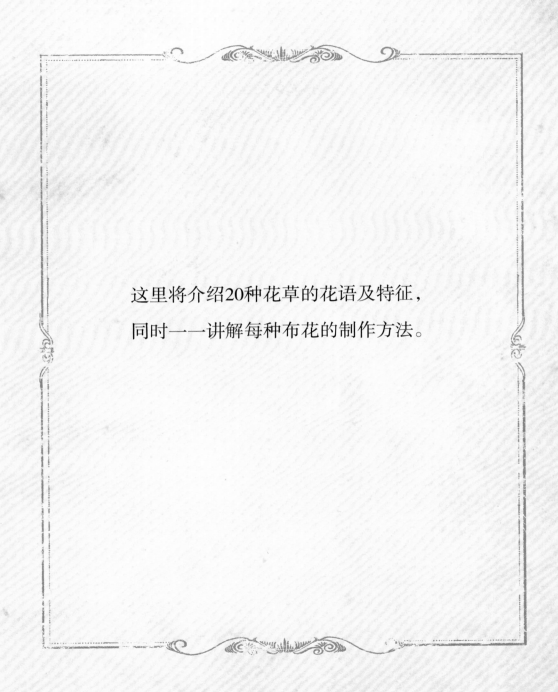

这里将介绍20种花草的花语及特征，

同时一一讲解每种布花的制作方法。

【绣球花】制作方法 >> P.49

绣球花，给阴雨绵绵的梅雨季增添了一分色彩。花的颜色会随着土壤酸碱度变化而变化，代表性的花语是"见异思迁"。做成干花后颜色会褪得恰到好处，有复古感。

【 紫菀 】

制作方法 >> P.50

夏秋时节开的菊科草花。别名"虾夷菊"。不同的颜色有不同的花语，通用的有"变化""追忆"。据说最初用摘花瓣来占卜"喜欢""不喜欢"用的就是这种花。

【橄榄花】

制作方法 >> P.51

说起橄榄，一般会先想到橄榄油和腌橄榄用的果实，实际上橄榄会在初夏开出米粒大的白色小花。代表性的花语是出自《旧约圣经》的"和平"，以及来自希腊神话的"智慧""胜利"。

【满天星】

制作方法 » P.52

细小的枝条上开满无数的白色小花。开花时期一般在5~7月。经常用于花束的配花，因为不过于显眼，可以衬托主花，所以花语也有"纯洁的心""亲切""天真"的含义。

【洋甘菊】 制作方法 >> P.53

菊科的一年生草本植物。洋甘菊有很多品种，这里做的布花是德国洋甘菊。与朴素的外观不同，它的代表性花语是"忍耐逆境""忍受苦难"

【波斯菊】 制作方法 » P.54

就像它的别名"秋英"一样，是秋天
的景物。每种颜色都有着"调和""谦
虚""少女的真心"之类的典雅花语。这
里的布花做的是有野性魅力的硫黄菊。

【百日草】

制作方法 >>> P.55

从初夏开到深秋，花期很长，所以称为"百日草"。"留恋分别的朋友""四年远方的朋友""不要忽视关爱"这些花语，也是源于它漫长的花期。

【香豌豆花】

制作方法 >>> P.56

常见的是春天开的香豌豆花。名字来源于"散发香气的豆科植物"。由于花瓣像飞舞的蝴蝶，代表性的花语是"出远门""离别"。

【水仙】 制作方法 ≫ P.58

直立的花茎顶端开着喇叭状的花
朵。从古时候起一直被当作告知春
天到来的草花。代表性的花语是"自
恋"，来自希腊神话的美少年"那喀
索斯"。

【堇菜】

制作方法 >>> P.59

生长在山野和路边的多年生草本植物。因为花的形状像是墨斗，被称作堇菜。（注：墨斗是一种古人用来在木材上画直线的工具，日本叫墨壶。）代表性的花语是"谦虚""诚实""小小的幸福"。不同的品种开花期不一样，一般在3~5月。

【千日红】 制作方法 » P.60

从春天开到秋天的一年生草本植物。花瓣含水量很少，因此多做成干花。它的花朵长时间不褪色，代表性的花语有"不褪色的爱""不朽"。

【洋桔梗】 制作方法 ≫ P.61

也叫土耳其桔梗,但原产地并非土耳其而是北美。虽名为桔梗,但实际是龙胆科的植物。代表性的花语是"优美""希望"。花期根据品种而定,但一般都在春夏之间。

【 菜花 】 制作方法 ≫ P.62

冬春时节会开鲜艳的黄色花簇。菜花
顾名思义,是可以食用的花朵。花语
是"快活""明朗",无论哪个都符合
菜花色彩明亮的感觉。

【月季】
制作方法 >>> P.63

月季象征爱与美。据说大约有3万到4万个品种，现在也在不断增加。虽然月季全都代表"爱""美"，但一般不同的颜色与不同的数量组合起来会有不同的花语。

【金丝桃果】 制作方法 >> P.64

金丝桃会在秋天结红色的果实，经常用来做花束。夏天开鲜艳的黄色花朵。花语有"不再悲伤"和"闪耀"，给人积极向上的感觉。

【小苍兰】 制作方法 ≫ P.65

秋天埋下球根，春天就会开出白色、黄色、红色、紫色的花朵。日本名为"浅黄水仙"。花语与颜色无关，最有名的是"期待"。黄色的小苍兰也有"天真"的含义。

【万寿菊】 制作方法 » P.66

从夏天开到秋天的万寿菊有"圣母玛
利亚的黄金之花"的含义。花语有"嫉
妒""绝望""悲伤",黄色花的花语是
"美好的爱情",橙色的花语是"真心"。

【矢车菊】

制作方法 >>> P.67

春夏开出色彩丰富的花朵。由于形状像是鲤鱼旗柱子顶端的风车，因此称作矢车菊。据说"纤细""优雅""优美"之类的花语，来自它细小的蓝色花瓣。

【尤加利】

制作方法 >>> P.68

分布在澳大利亚中部的常绿高大乔木。尤加利有多种药用功效，因此经常用于香草茶和芳香疗法。室内设计中也多用干花做墙壁挂饰。

【 丁香 】　制作方法 » P.69

每年4、5月份，丁香的小花会开成一大簇。气
味芳香馥郁，可以用作香水的原料。代表性的
花语是"回忆""友情"等。紫色的丁香也有
"初恋"的含义。

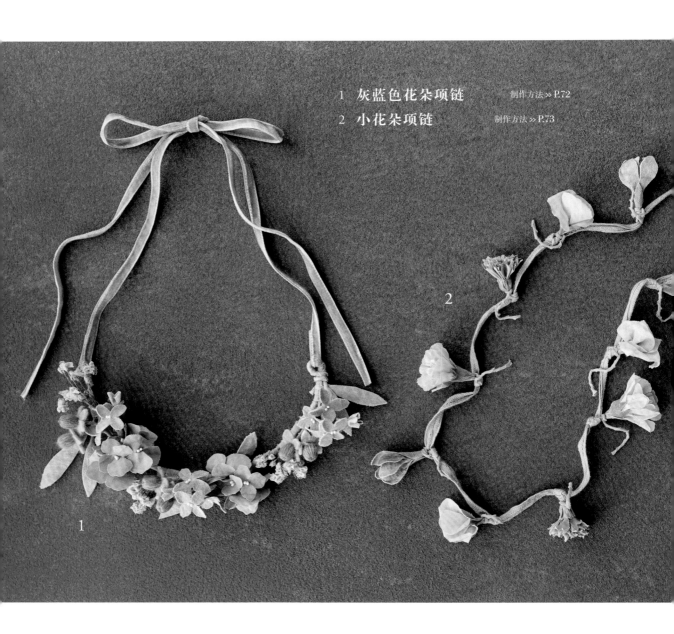

1　**灰蓝色花朵项链**　　　制作方法 » P.72

2　**小花朵项链**　　　制作方法 » P.73

项链

古典的灰蓝色花朵项链，像是把野外采摘的花朵用丝带串起
来一样。每种都有复古的气息，带有一抹成熟的色彩。

发饰

将木槿染色的百日草简单地做成发圈。黑豆染的棉绒织带做成的发饰，配上了金丝桃果与尤加利。

3

AIMEZ ce céleste et divin Enfant,
aimez-le, honorez-le : il est le
Roi de gloire et le Sauveur du monde. Il
nous a comblés de grâces et il nous en
accordera de plusgrandes encore si nous
nous efforçons de nous en rendre dignes.
　A quoi nous sert notre cœur s'il ne
se brise et ne s'enflamme d'amour pour ce
Seigneur bien-aimé, comment se fait-il
que si peu de personnes le servent et
de tout le cœur de leur Sauveur ?
Hélas ! je
Oh ! je

4

3　百日草发圈　　　制作方法 » P.77
4　棉绒织带发饰　　　制作方法 » P.74

5 **小花束胸花**
制作方法 » P.75

6 **尤加利花束胸花**
制作方法 » P.76

胸花

小花束组成的胸花上，系上了洋葱皮染的丝带。尤加利花束
配上董菜、洋桔梗、千日红，做成了花组。

耳钉 & 耳环

最大程度上表现布花魅力的耳环和耳钉。无论是搭配日常风格，还是精心打扮时都可以使用。布花材质轻盈，耳朵也没有负担。

7　波斯菊耳钉

制作方法 >> P.78

8　紫菀金丝桃果耳钉

制作方法 >> P.78

9　水仙耳钉

制作方法 >> P.79

11　小苍兰耳环

制作方法 >> P.77

10　丁香满天星耳环

制作方法 >> P.79

31

基本制作方法

这里介绍了制作布花所需要用到的基本材料和工具。
染布料用的锅和碗之类的工具不需要特意购买，使用厨房有的就足够了。

基本材料与工具

毛毡

把羊毛加工成一种片状的不织布，布料剪口不会脱线，由于是动物纤维所以不用预处理也能够染色。

棉绒

绒毛比较短的起绒织物。也叫平绒。染色后着色深，用于表现丰富的姿态。

白坯布

平纹梭织织物。裁剪服装时也用于假缝和制作坯样，价格便宜。纱线稍粗，能表现出质朴的风格。

棉制雪纺

有通透感的薄型平纹织物。比同样通透的欧根纱更有垂感。

毛线

中细羊毛线。本书中用来制作金丝桃果。化纤的毛线无法用香草染色。

毛球花边

带毛球的棉制花边。本书中用于制作波斯菊与万寿菊之类的花蕊。

刺绣蕾丝

机织的镂空蕾丝。本书中把剪下的边缘部分制作成满天星的花瓣。

棉绒织带

两面都有绒毛的织带。也叫丝绒带。本书中用于制作花朵发饰和胸花束。

铁丝

用于制作花蕊和茎秆的造花铁丝。本书使用的是绿色纸包铁丝。

花蕊

做成雌蕊和雄蕊形状的人造花材料。颜色和形状的种类十分丰富，可据不同的花朵来选择。

木槿

木槿花瓣干燥后做成的香草染料。提取液呈深红色。使用媒染剂后会变成粉色或者紫色。

马黛茶

马黛茶分为烘焙型马黛茶（棕色）与绿茶型马黛茶（绿色）。本书中使用的是绿茶型马黛茶。

迷迭香

干燥的迷迭香香草，提取液呈琥珀色。使用媒染剂后会变成黄色或者棕色。

洋葱皮

染色用的洋葱皮。在锅里煮出提取液，用滤网和厨房纸过滤后使用。

黑豆

将黑豆煮成染料。提取液呈乌黑色。使用媒染剂后会变成偏蓝的灰色。

速溶咖啡

将泡得很浓的速溶咖啡用作染料。使用媒染剂后会变得有复古感。

豆奶

用来预处理布料，使之更容易染上颜色。虽然也可以用牛奶代替，但要注意可能会有气味残留。

明矾

染色时加入的媒染剂（助染与固色）。在超市的酱菜区或者药店等可以买到。

小苏打

制作碱性提取液的时候使用。中性的提取液中加入小苏打会变成碱性。

木醋酸铁、铜媒染液

用于铁媒染和铜媒染（助染与固色）的媒染液。在染料专卖店可以买到。

锅

用于熬煮染色材料。为了避免变色掉色，建议使用不锈钢、搪瓷、玻璃材质的锅。

碗

用于布料的预处理、漂洗、媒染。和锅一样推荐使用不锈钢、搪瓷、玻璃制品。

托盘

用于制作上浆用的胶液，也可用于毛刷染色。取出染好布料需要放置的时候也很方便。

茶包

用于熬煮染色材料。将材料放入茶包，煮完之后就不需要过滤了，十分方便。

筷子

用于在提取液里浸湿和取出布料。若没有也可以用一次性筷子代替。

电子秤

精度到1g的厨房用电子秤。用于称量染色材料和媒染材料。

量杯

用于量取水和媒染液。由于明矾需要用热水溶解，推荐使用耐热材质的量杯。

量勺

本书中用于计量小苏打。若没有可以使用电子秤。小苏打的一大勺指的是10g。

毛刷、毛笔

毛刷用于给染后布料上浆，毛笔用于给花蕊涂上提取液。

报纸

给布料上浆的时候垫在下面。需要注意涂上胶液放置不管的话会掉色。

皮卷尺

用于测量布料和织带的长度。若没有可以用普通尺代替。

白胶

布料或者木工用的白胶。用于调和给布料上浆用的胶液。

首饰用胶水

适用于粘接珠子和金属配件的专用胶水。本书中用来把棉花珍珠粘贴在耳钉底座上。

牙签

细小的地方需要涂胶的时候，用牙签蘸白胶涂上，成品将会非常美观。

锥子

用于给花瓣扎孔穿铁丝，或者给叶片刻画叶脉之类的细节处理。

手缝线、手缝针

手缝用的针线。本书中用于缝合花瓣以及将花朵缝制固定在发饰底座上。

25号刺绣线

粗细为25号的刺绣线。使用时从一束中抽出一根。本书中将白线染色后使用。

圆嘴钳

用单圈连接布花和首饰配件的时候使用。掰开单圈需要用到两把圆嘴钳。

花边剪刀

刀刃有锯齿的裁剪剪刀。本书用于剪出花瓣和叶片的锯齿边。

剪刀

用来裁剪布料与线。锋利的小型剪刀用来剪出切口十分方便。

染色顺序

这里介绍从预处理到干燥的染色顺序。

本书中使用的有中性染色与碱性染色。若颜色比较浅，可以重复染色和媒染的过程，直到染出想要的颜色为止。

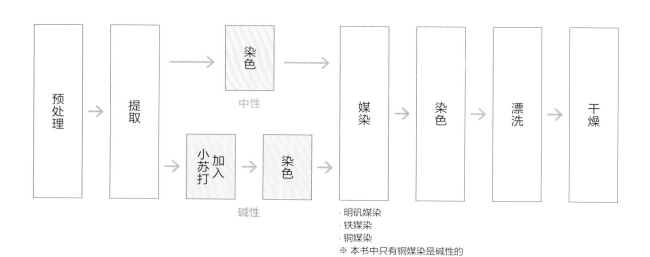

预处理 → 提取 → **染色** (中性) → 媒染 → 染色 → 漂洗 → 干燥

加入小苏打 → 染色 (碱性)

· 明矾媒染
· 铁媒染
· 铜媒染
※ 本书中只有铜媒染是碱性的

不染色的布花

制作成坯样（用白坯布假缝制作服装样品）风格的白色布花。不需要染色，直接表现布料的质感，也是十分有趣的。

预处理

比起蚕丝和毛线之类的动物纤维，棉麻之类的植物纤维更难染色。虽然不用预处理也能染上颜色，但使用豆奶给纤维附上蛋白质的话，染色会更方便，也更容易着色。

1 布料放入中性洗涤剂里，洗去污垢和浆糊。在碗里倒入常温的豆奶，将布料放在豆奶里完全浸湿，放置 1 小时。

※ 这里蕾丝也需要预处理。

2 取出布料轻轻挤干并晾晒。随后在碗里倒入清水，轻轻漂洗布料，用力挤干之后预处理便完成了。

提取

熬煮染色材料之后得到的溶液叫做提取液。若使用铝制或者铜制的锅，则可能会使提取液变色，所以请使用搪瓷和不锈钢材质的锅来提取。这里制作的是木槿的提取液。

1 在500ml水里加入10g（2%）木槿。[马黛茶、迷迭香、洋葱皮是10g（2%），黑豆用100g（20%），咖啡是5g（1%）]。

2 将装入木槿的茶包投入沸水中。文火煮 15 分钟，提取液就完成了。

染色

用提取液染布料。即使使用同样的染液染色，由于香草的种类、布料材质、水质等不同因素，染色方法也有很多。只染色不固色也是可以的，但是布料会随着时间慢慢褪色。

1 文火煮提取液，放入布料。

2 用筷子时不时地搅动，煮 15~20 分钟。然后关火冷却到常温。

媒染

◆中性（木槿）

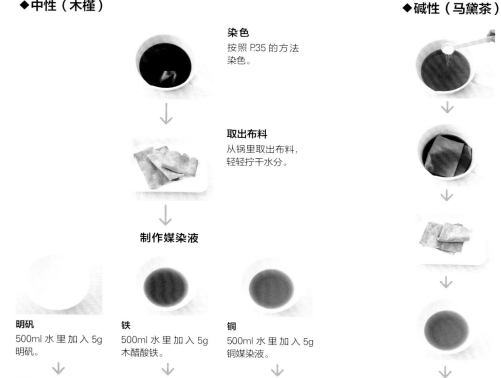

染色
按照 P.35 的方法
染色。

取出布料
从锅里取出布料，
轻轻拧干水分。

制作媒染液

明矾
500ml 水 里 加 入 5g
明矾。

铁
500ml 水 里 加 入 5g
木醋酸铁。

铜
500ml 水 里 加 入 5g
铜媒染液。

◆碱性（马黛茶）

加入小苏打
按照 P.35 的方法制作
提取液，加入一大勺
小苏打。

染色
按照 P.35 的方法染色

取出布料
从锅里取出布料，轻
轻拧干水分。

制作媒染液（铜）
500ml 水 里 加 入 5g
铜媒染液。

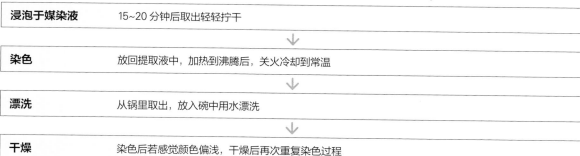

浸泡于媒染液	15~20 分钟后取出轻轻拧干
染色	放回提取液中，加热到沸腾后，关火冷却到常温
漂洗	从锅里取出，放入碗中用水漂洗
干燥	染色后若感觉颜色偏浅，干燥后再次重复染色过程

染色完成

明矾媒染是灰粉色，铁媒染
是偏粉的灰色，铜媒染会呈
现略带浅粉的灰色。

碱性的铜媒染是略带茶色
的军绿色。

上浆

将染完色的布料上浆，可以防止布料边缘脱线。上完浆液后把布料挂起晾干，时常调换上下方向可以使浆液均匀地附着在布料上。

1 将白胶与热水按 1：5 的比例调和，用毛刷搅拌使白胶溶解。

2 浆液冷却之后，用毛刷均匀地将浆液刷在布料上，将布料挂起晾干。

比较染色效果（洋葱皮）

不同的媒染方法会有不同的效果。
这里用色差比较明显的洋葱皮来比较染色效果。

中性
（明矾媒染）
橙黄色

中性
（铁媒染）
略带军绿色的茶色。

中性
（铜媒染）
偏红的茶色。

碱性
（小苏打）
偏米色的粉红。

色彩样本

以本书中的作品所使用的布料为主，做成色彩样本对比染色效果。
色彩样本只是参考。希望大家能够享受颜色变化带来的乐趣。

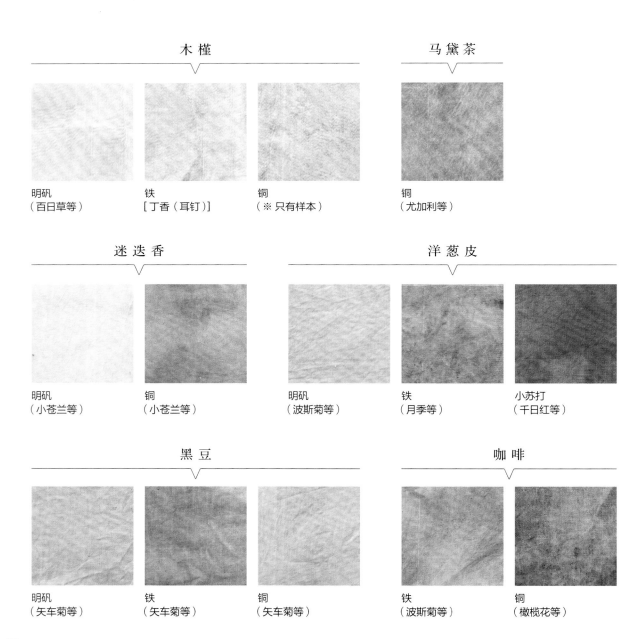

木 槿

明矾
（百日草等）

铁
[丁香（耳钉）]

铜
（※ 只有样本）

马黛茶

铜
（尤加利等）

迷迭香

明矾
（小苍兰等）

铜
（小苍兰等）

洋葱皮

明矾
（波斯菊等）

铁
（月季等）

小苏打
（千日红等）

黑 豆

明矾
（矢车菊等）

铁
（矢车菊等）

铜
（矢车菊等）

咖 啡

铁
（波斯菊等）

铜
（橄榄花等）

绣球花的制作方法

这里介绍绣球花（粉色系）的制作方法，也是所有布花的基础制作方法。
铁丝的使用方法、花朵的组合方法、茎布的缠绕方法都是所有布花通用的技巧。

将黑豆染色的小花瓣组成一簇便是绣球。制作的时候用手指将花瓣稍微揉皱，就会有干花一样的效果。

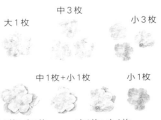

大1枚　中3枚　小3枚
中1枚+小1枚　小1枚
大1枚+中1枚　中1枚+小1枚

1 按照 P.35~37 的方法染布料（材料和工具参考 P.32~33）。

2 用毛笔蘸取黑豆的提取液，仔细刷在花蕊上。注意花蕊可能会被水溶解。

3 用黑豆染好布料，根据纸型剪下花瓣，按图上顺序排列重叠。

4 用锥子在重叠的花瓣中心扎孔。

5 折出2个花蕊并穿入孔中。

6 用牙签蘸少许白胶，涂在花蕊根部。

7 用手指将花瓣中心捏起来，形成褶皱。

8 放置晾干。

9 按照步骤 4~8 的方法制作 4 朵花。

10 将铁丝穿过花蕊的环状部分。

11 将铁丝对折，拧 3cm 左右。

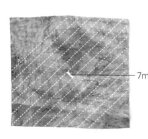

7mm

12 将茎布布料剪成正方形，倾斜 45°，绺画出间距 7mm 的线条并剪下，做成总共 1m 左右长度的茎布。

13 茎布前端涂白胶，缠卷在步骤 11 中的花蕊部分。

14 一边涂白胶一边将茎布卷成螺旋状。

15 缠卷 5cm 左右，剪掉多余的茎布，晾干。

16 按照步骤 3~15 所示的方法制作 6 枝。

17 将步骤 16 中的花 2 枝一组，组成 3 组。用涂了白胶的茎布缠卷起来。

18 将马黛茶染色的布料对折，按照纸型画上叶片，需要画得比纸型大一些。

19 用花边剪刀剪出轮廓。

20 两片重叠后再用花边剪刀剪一次轮廓，使锯齿边更加细致。

21 其中一片叶片背面涂上白胶，中间放上铁丝，再贴上另一片叶。

22 白胶干透之后，将叶片放在有弹性的垫子或者切割板上，用锥子刻画出叶脉。

23 画上间距大约 5mm 的叶脉。

24 将步骤 17 中的花朵组成一束，缠上涂了白胶的茎布。

25 茎布卷 1cm 左右，加上步骤 23 中的叶片继续缠绕。

26 用茎布卷完铁丝，剪掉多余的部分。

27 用涂了白胶的茎布将别针缠绕在枝条上。最后弯折枝条，整理形状就完成了。

制作重点

这里例举了各种制作布花不可欠缺的小技巧。

使用毛毡的时候，剪断之后可以用手指揉搓剪口，剪口会变得更自然，有柔软温和的感觉。

🔘 紫菀

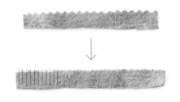  

1 在花边剪刀剪完的边缘上，再剪一次，这样就能剪出细小的锯齿边，在凹的地方剪出一道道切口。

2 将铁丝对折夹住毛球花边的一端。一边涂上少量白胶一边卷起，做成花蕊。

3 花瓣同样一边涂白胶一边卷在花蕊外。用锥子在花萼中心扎孔，穿入铁丝，涂上白胶贴在花朵上。

🔘 橄榄花

1 用锥子在花瓣中心扎孔，穿入对折后的花蕊，涂白胶固定。

2 茎布条涂上白胶，将花朵与花蕊上下交错地缠绕起来。

3 用 2 片叶子夹着铁丝（参考 P.41 的步骤 21），用涂了白胶的茎布条从上到下地缠卷 10 片叶子，做成一组叶片。

🔘 满天星

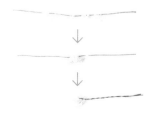  

1 用铁丝平针缝穿透蕾丝，将蕾丝抽缩到中间，再将铁丝对折后拧 3cm 左右。

2 做 5 根不同大小的花朵。

3 高低错开的 5 朵花组成一束，拧铁丝固定好。然后用涂了白胶的茎布条缠绕 3cm 左右。

◉ 洋甘菊

1 用花边剪刀在花瓣上剪出锯齿边（参考 P.42 的紫菀）。随后剪出切口。

2 穿针引线打结，用细密地平针缝好之后抽缩花瓣，固定几针并打结。

3 将铁丝对折之后缠上涂了白胶的茎布。用锥子在棉球中间扎孔，铁丝涂上白胶后穿入，最后穿上花瓣，涂白胶固定。

◉ 波斯菊

1 在对折后的铁丝上卷上毛球花边（参考 P.42 的紫菀），用花蕊布卷好。

2 按纸型剪下花瓣，中心用锥子扎孔，做出茎脉（参考 P.41 的步骤 22）。

3 花萼的尖端涂少许白胶，用手指拧出尖角。

◉ 百日草

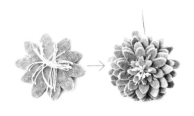

1 分别对折花蕊和铁丝，用铁丝缠绕在花蕊下边 1cm 左右的地方，拧好固定做成一束花蕊。

2 花瓣 B 上涂白胶，放上剪好的刺绣线。所有花瓣中心都用锥子扎孔，按从小到大的顺序穿入花蕊。

3 用平针在花蕊布上细密地缝一圈，抽缩成半球型。将花蕊压平，贴上半球形的花蕊布。

⬤ 香豌豆花

1 手指揉搓花瓣 A、B、C 的边缘，做出卷边。

2 将花瓣 D 对折，夹着已对折的铁丝，涂上白胶固定。

3 花瓣根部涂白胶，从小到大错开粘贴。

⬤ 水仙

1 将铁丝对折，拧出一个环。用锥子在花瓣中心扎孔。

2 花瓣从小到大穿入铁丝，涂白胶固定。

3 茎布涂白胶，三折将铁丝包裹在中间。

⬤ 堇菜

1 将对折的铁丝与花蕊拧在一起，做成堇菜的花蕊。茎布涂上白胶，将整根铁丝卷起来。

2 花瓣涂白胶，贴在茎秆上。

3 整理花瓣形状。

千日红

1 花瓣剪出剪口,涂白胶,然后每片贴上两根剪好的刺绣线。

2 将铁丝对折,卷上涂了白胶的毛球花边,再同样卷上花蕊布。大朵的花需要再用花蕊底布卷一次。

3 花蕊外侧从上到下卷上涂了白胶的花瓣。

洋桔梗

1 花蕊对折后,缠绕铁丝做成花蕊(参照 P43 的百日草)。花瓣根部涂白胶,包裹在花蕊外。

2 剩余的花瓣每片错开 1cm 左右继续贴在外侧。

3 花萼涂白胶穿过铁丝,用手指捏紧贴在花朵下方,做出褶皱。

菜花

1 将 8mm 宽的毛球花边卷在铁丝上。再卷上 1cm 宽的毛球花边。

2 花蕊对折后,贴上涂了白胶的花苞布。花瓣用锥子扎孔,穿过花蕊涂白胶固定。

3 从里到外按花蕊→花苞→小花→大花的顺序组合,茎布涂上白胶,固定起来。

月季

1 对折每片花瓣，错开着重叠起来，将根部缝好并抽褶（参考 P.43 的洋甘菊）。用同样的方法做大小不同的花。

2 制作中心花瓣（参考 P.43 的百日草），两朵花分别穿入铁丝，涂白胶固定。底部多余的部分需要剪掉。

3 外侧的花瓣根部涂白胶，贴在中心花瓣外，注意稍微错开。

金丝桃果

1 用针将线穿过木珠子并缠绕起来。完成之后剪掉多余的线做成线球。

2 用锥子在线球中间扎孔，穿入对折后的铁丝。

3 茎布涂白胶卷好，穿入花萼贴上。做3组果实，1组3枝，2组2枝，共7枝，组合起来。

小苍兰

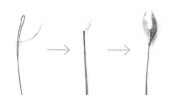  

1 花苞布涂白胶，包裹在对折后的铁丝顶端。花萼涂胶贴在花苞外。

2 用现成的花蕊和铁丝制作小苍兰花蕊（参考 P.43 的百日草）。花瓣根部涂白胶包裹在花蕊外，贴上花萼固定。

3 3个花苞和3朵花组成一枝，用涂了白胶的茎布缠绕起来。

🌸 万寿菊

1 铁丝对折卷上毛球花边（参考 P.42 的紫菀），再卷上花蕊布。（参考 P.43 的波斯菊）

2 对折每片花瓣，在根部缝好抽褶（参考 P.43 的洋甘菊）。做 3 朵不同大小的花。

3 每朵花穿入带花蕊的铁丝，涂白胶固定。

🌸 矢车菊

1 对折铁丝，夹着剪好的刺绣线拧 3cm 左右，做成花蕊。

2 花瓣涂白胶，两边折起来。

3 折好的花瓣底部涂白胶，贴在花蕊外侧。

🌸 丁香

1 花瓣中心用锥子扎孔，穿入对折的花蕊（参考 P.39 的 **4~8**）。

2 花苞的布料正面朝外穿入花蕊，花苞和花朵分别涂白胶，1cm 宽的茎布剪下 3cm，竖着缠绕在花蕊上。

3 小花 2 朵、中花 3 朵、大花 2 朵为一组，小花 2 朵、中花 2 朵、大花 1 朵为一组，中花 3 朵为一组组合起来，每组做3枝。

首饰基本配件

这里介绍将布花做成首饰的金属配件和单圈的使用方法。
金属配件除了这里介绍的，还有各种颜色和尺寸。

带有底座的耳堵

底座上可以粘贴饰品。

带有底座的耳钉

底座上可以粘贴饰品。

U 型耳钩

钩子状的耳饰配件。需要用
单圈连接饰品。

单圈

连接配件的零件。用两把圆
嘴钳来处理。

别针

可以缝也可以贴。本书中
用茎布缠绕在茎秆上。

棉花珍珠

用棉花压缩制成的仿珍珠。
这里使用半孔珠。

发圈

没有接口的发圈。本书中
用于粘贴涂了白胶的毛毡。

发夹

可以缝也可以粘贴。本书
中用来缝在作品上。

螺旋式耳夹

通过单圈来连接饰品。

单圈的使用方法

1 用两把圆嘴钳夹住单圈。

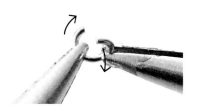

2 用力将单圈前后掰开，穿入配件之后
再合并起来。

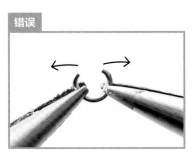

错误

勿将单圈左右掰开，这样容易损坏并且不
美观。

48

绣球花 >> P.08

完成后尺寸：【粉色系】高 14.5cm×宽 11cm

【苔绿色系】高 16cm×宽 12cm

反面

别针

❀ 使用染色材料

【粉色系】

· 花瓣与花蕊用黑豆明矾媒染

· 叶与茎布用碱性提取的马黛茶铜媒染

【苔绿色系】

· 花瓣（20cm×20cm）与花蕊用木槿明矾媒染

· 花瓣（20cm×20cm）、叶、茎布用碱性提取的马黛茶铜媒染

❀ 材料

白坯布：

　　【粉色系】花瓣／各 20cm×30cm　叶／10cm×15cm　茎布／7mm　宽斜丝绦／1m

　　【苔绿色系】花／各 20cm×20cm　叶／10cm×15cm

　　　　　　　　茎布／15cm×15cm（7mm 宽的斜丝茎布带1m 左右）

花蕊：【粉色系】24 根　【苔绿色系】35 根

铁丝（28#）：【粉色系】叶·茎布秆／36cm×7 根　［苔绿色系］叶·茎布秆／36cm×8 根

别针（2.5cm）：1 个

❀ 制作方法

1. 将白坯布染色（参考 P.34~36）。
2. 将白坯布上浆（参考 P.37）。
3. 按照 P.39~41 的方法制作绣球花。

※苔绿色系的绣球花，按照纸型剪下花瓣，花瓣无需重叠全部穿上花蕊，制作35朵花，5朵一组用铁丝固定（2种颜色按自己喜好分配）。剩余过程参考P.34~37。

纸型

花瓣粉色系（大）

6 枚

花瓣粉色系（中）

18 枚

花瓣粉色系（小）

18 枚

花瓣苔绿色系（大）

12 枚

花瓣苔绿色系（中）

12 枚

花瓣苔绿色系（小）

11 枚

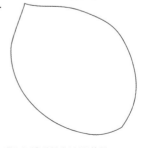

绣球叶

"绣球叶"请放大200%使用

紫菀 》P.09

完成后尺寸：高 15.5cm × 宽 5cm

❀ 使用染色材料

・花瓣（大）用木槿明矾媒染
・花瓣（小）用木槿无媒染
・毛球花边用洋葱皮明矾媒染
・花萼、叶片用碱性提取的马黛茶铜媒染
・茎布用咖啡铜媒染

❀ 材料

毛毡：花瓣／2cm×10cm、2cm×12cm
　　　叶／10cm×10cm　花萼／10cm×10cm
白坯布：茎布／12cm×12cm（7mm 宽的斜丝茎布带 60cm 左右）
毛球花边（8mm 宽）：5cm×2 根
铁丝（28#）：花／36cm×2 根　叶／9cm×5 根
别针（2cm）：1 个

❀ 制作方法

1. 将毛毡、白坯布和毛球花边染色（参考 P.34~36）。
2. 按照纸型剪下叶片与花萼。
3. 剪下花瓣并剪出切口（参考 P.42）。
4. 揉搓花瓣与叶片，使切口更自然。
5. 铁丝卷上毛球花边做成花蕊（参考 P.42）。
6. 在花瓣（大）没有切口的下部，一边涂少许白胶，一边卷在花蕊外（参考 P.42）。
7. 花萼中心用锥子扎孔，按从小到大的顺序穿过铁丝，用白胶贴在花朵底部。
8. 叶片背面涂白胶，贴上铁丝。
9. 茎布涂白胶，连同叶片一起在茎布秆上卷成螺旋状。
10. 按照步骤 6 ~ 9 的方法制作花（小）。
11. 2 枝花稍微错开，和别针一起用涂了白胶的茎布卷起来。剪掉多余的部分，弯曲茎布秆、整理造型。

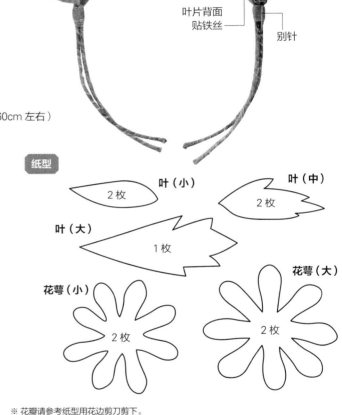

纸型

叶（小）　2枚

叶（中）　2枚

叶（大）　1枚

花萼（小）　2枚

花萼（大）　2枚

※ 花瓣请参考纸型用花边剪刀剪下。

花瓣（小）×1枚
1cm
8cm

花瓣（大）×1枚
1cm
10cm

橄榄花 »P.10

完成后尺寸：高 15cm × 宽 10.5cm

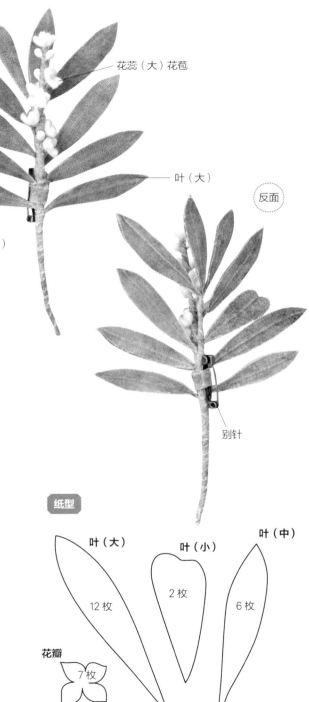

花蕊（大）花苞

叶（小）

叶（大）

叶（中）

（反面）

别针

❀ 使用染色材料

· 花瓣用迷迭香明矾媒染
· 叶与茎布用咖啡铜媒染
· 制作花朵用的花蕊涂上洋葱皮提取液

❀ 材料

毛毡：花瓣／2cm × 10cm
棉绒：叶（正面）／10cm × 15cm
白坯布：叶（反面）／10cm × 15cm
　　　　茎布／10cm × 10cm（7mm 宽的斜丝茎布带 30cm 左右）
花蕊：花／7 根
花蕊（大）：花苞／5 根
铁丝（28#）：花／18cm × 1 根　　叶／9cm × 9 根
　　　　　　　顶端叶片用／36cm × 1 根
别针（2.5cm）：1 个

❀ 制作方法

1. 将毛毡、棉绒、白坯布染色（参考 P.34~36）。
2. 毛笔蘸洋葱皮提取液，将制作花朵用的花蕊染色。
3. 将棉绒与制作叶片用的白坯布上浆（参考 P.37）。
4. 按照纸型将花瓣（大 12 枚、中 6 枚、小 2 枚）与叶片剪下（叶片正面用棉绒，反面用白坯布）。小花瓣难剪，可以边剪下边慢慢修整。
5. 揉搓花瓣使边缘更自然。
6. 花朵中心用锥子扎孔，穿过对折后的花蕊，在花蕊底部涂白胶固定（参考 P.42）。
7. 顶端的花朵与铁丝缠绕在一起，作为茎布秆。
8. 用茎布缠绕花与花蕊（大）（参考 P.42）。
9. 用叶片正反面两片夹住铁丝，涂白胶贴好（顶端叶片用 36cm 的铁丝对折）。
10. 将叶片按从顶端到下部的顺序，用涂了白胶的茎布缠绕起来（参考 P.42）。
11. 用茎布将花与茎布秆缠在一起。
12. 用涂了白胶的茎布将别针缠卷在茎布秆上。最后整理造型。

纸型

叶（大）

叶（小）

叶（中）

12 枚

2 枚

6 枚

花瓣

7 枚

满天星 »P.11

完成后尺寸：高 12cm × 宽 9.5cm

❖ 使用染色材料

· 花瓣用咖啡无媒染
· 茎布用碱性提取的马黛茶铜媒染

❖ 材料

刺绣蕾丝（1cm 宽）：花瓣／1m×10cm
白坯布：茎布／15cm×15cm（7mm 宽的斜丝茎布带 1m 左右）
铁丝（30#）：花／9cm×45 根
　　　　　　　茎布／18cm×9 根
别针（2cm）：1 个

❖ 制作方法

1. 将刺绣蕾丝和白坯布染色（参考 P.34~36）。
2. 剪下刺绣蕾丝的边缘，剪成 1cm×2 条、2cm×1 条、3cm×1 条、5cm×1 条，剪 9 组（参考 P.42）。
3. 铁丝穿过刺绣蕾丝，拧好做成 5 枝花。
4. 5 枝一组将 9 组花组合起来（参考 P.42）。
5. 然后 3 根 1 组 ×1 枝、2 根 1 组 ×3 枝将花朵组合起来。
6. 将步骤 5 的 4 枝花稍微错开，卷上涂了白胶的茎布。
7. 用涂了白胶的茎布将别针缠在茎布秆上。弯曲茎布秆，整理造型。

別针

反面

洋甘菊 >> P.12

完成后尺寸：高 12cm × 宽 6.5cm

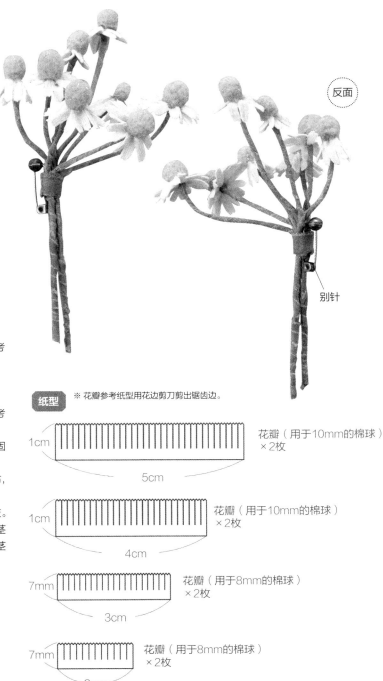

反面

✿ 使用染色材料

· 花瓣用迷迭香明矾媒染
· 棉球用洋葱皮明矾媒染
· 茎布用碱性提取的马黛茶铜媒染

✿ 材料

棉绒：花瓣／ 5cm×10cm
白坯布：茎布／ 15cm×15cm
　　　　　（7mm 宽的斜丝茎布带 1m 左右）
梵天（8mm、10mm）：各 4 个
铁丝（28#）：18cm×8 根
别针（2cm）：1 个

✿ 制作方法

1. 将棉绒、白坯布、棉球染色（参考 P.34~36）。
2. 将棉绒上浆（参考 P.37）。
3. 剪下的棉绒剪出锯齿边和切口，用作花瓣（参考 P.43）。
4. 平缝并抽缩花瓣，线头打结固定（参考 P.43）。
5. 铁丝对折，卷上 5cm 茎布（参考 P.43）。
6. 棉球用锥子扎孔，穿入涂了白胶的铁丝（参考 P.43）。
7. 花瓣穿过铁丝，棉球底部涂上白胶和花瓣贴好固定（参考 P.43）。
8. 重复步骤 7 做 8 枝，2 枝 1 组缠上涂了白胶的茎布，做 4 枝花。
9. 然后再 2 枝 1 组，缠上涂了白胶的茎布，做 2 枝。
10. 将 2 枝花组合起来，和别针一起用涂了白胶的茎布缠起来。剪去茎布秆底部多余的部分，弯曲茎布秆，整理造型。

别针

纸型 ※ 花瓣参考纸型用花边剪刀剪出锯齿边。

1cm ╱ 5cm
花瓣（用于 10mm 的棉球）×2 枚

1cm ╱ 4cm
花瓣（用于 10mm 的棉球）×2 枚

7mm ╱ 3cm
花瓣（用于 8mm 的棉球）×2 枚

7mm ╱ 2cm
花瓣（用于 8mm 的棉球）×2 枚

波斯菊 »P.13

完成后尺寸：高 17cm × 宽 8cm

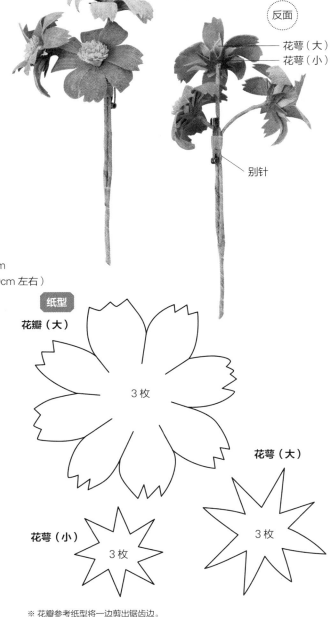

反面

花萼（大）
花萼（小）

别针

❖ 使用染色材料

【橙色系】
· 花瓣、花蕊、花萼（大）、毛球花边用洋葱皮明矾媒染
· 花萼（小）和茎布用咖啡铁媒染

【粉色系】
· 花瓣和花萼（大）用木槿明矾媒染
· 花蕊和毛球花边用洋葱皮明矾媒染
· 花萼（小）和茎布用咖啡铁媒染

❖ 材料

棉绒：花瓣 / 15cm × 15cm　花萼（小）/ 7cm × 7cm
白坯布：花芯 / 5cm × 10cm　花萼（大）/ 10cm × 10cm
　　　　　茎布 / 12cm × 12cm（7mm 宽的斜丝茎布带 60cm 左右）
毛球花边（8mm 宽）：5cm × 3 根
铁丝（28#）：36cm × 3 根
别针（2.5cm）：1 个

❖ 制作方法

1. 将棉绒、白坯布、毛球花边染色（参考 P.34~36）。
2. 将棉绒、白坯布上浆（参考 P.37）。
3. 按照纸型剪下花和花萼。
4. 剪下花蕊用的布并剪出切口（参考 P.43 的洋甘菊）。
5. 铁丝卷上毛球花边做出中心的花蕊（参考 P.42 的紫菀）。
6. 中心的花蕊卷上涂了白胶的花蕊用布（参考 P.43）。
7. 花瓣的中心用锥子扎孔，刻出筋纹（参考 P.43 的洋甘菊）。
8. 花萼尖端涂少许白胶，用手指捏尖（参考 P.43）。
9. 按照花瓣→花萼（大）→花萼（小）的顺序穿入铁丝，分别涂白胶贴好。
10. 重复步骤 9 做 3 枝花，组合起来卷上涂了白胶的茎布。
11. 用涂了白胶的茎布将别针缠在茎布秆上。弯曲茎布秆，整理造型。

纸型

花瓣（大）

3枚

花萼（大）

3枚

花萼（小）

3枚

※ 花瓣参考纸型将一边剪出锯齿边。

花蕊 × 1 枚

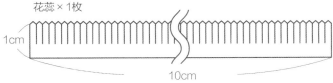

1cm

10cm

百日草 »P.14

完成后尺寸：高17.5cm× 宽5cm

❀ 使用染色材料

· 花瓣和花朵中心用木槿明矾媒染
· 花萼、叶、茎布用咖啡铜媒染
· 花蕊和刺绣线用洋葱皮明矾媒染

❀ 材料

毛毡：花瓣、花朵中心／20cm×10cm

　　　花萼／3cm×3cm　叶／5cm×5cm

白坯布：茎布／10cm×10cm（7mm 宽的斜丝茎布带 30cm 左右）

花蕊：7 根

25 号刺绣线（白）：6cm

铁丝（28#）：叶／9cm×4 根

　　　　　　茎布／36cm×1 根

别针（2.5cm）：1 个

❀ 制作方法

1. 将毛毡、白坯布、刺绣线染色（参考 P.34~36）。
2. 用毛笔蘸取染刺绣线的媒染液，涂在花蕊上。
3. 按照纸型剪下花瓣、花朵中心、花萼、叶（花萼用花边剪刀剪出锯齿）。
4. 揉搓花瓣、叶、花萼，使切口更自然。
5. 对折花蕊缠上铁丝（参考 P.43）。
6. 第二片小花瓣（B）上涂白胶，放上长 2cm 的刺绣线呈放射状，并贴好（参考 P.43）。
7. 花瓣中心用锥子扎孔，按 A~E 的顺序从小到大穿入铁丝，每一片都涂白胶贴好（参考 P.43）。
8. 平缝花朵中心用的布，抽缩起来做成圆形（参考 P.43）。
9. 将中间的花蕊按平，涂白胶贴上中心用的圆形的花朵布。
10. 叶片背面涂白胶，贴上 9cm 的铁丝。
11. 铁丝卷上涂了白胶的茎布 3cm，用剪刀剪去多余的部分。
12. 再重叠卷上涂了白胶的茎布 3cm，夹上 2 枚小叶片。再次卷 3cm 左右，交错夹上大叶片，一直卷到最后。
13. 花萼用锥子扎孔，并剪出切口之后用白胶贴在花朵底部。
14. 用涂了白胶的茎布缠上别针。弯曲茎布秆，整理造型。

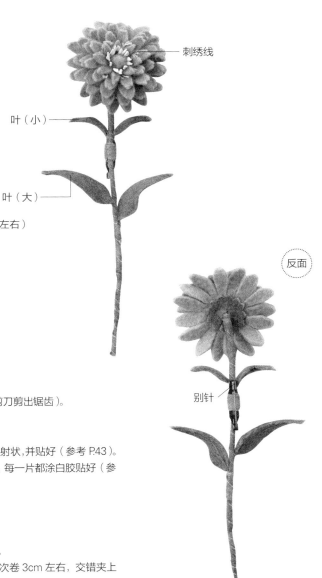

刺绣线

叶（小）

叶（大）

反面

别针

纸型在 P.70

香豌豆花 >> P.15

完成后尺寸：高 19cm × 宽 8.5cm

❧ 使用染色材料

· 花瓣（15cm×20cm）用黑豆明矾媒染
· 花瓣（15cm×15cm）用木槿无媒染
· 花萼和茎布用碱性提取的马黛茶铜媒染

❧ 材料

棉制雪纺：花瓣／15cm×20cm、
　　　　　　　　　15cm×15cm
白坯布：花萼／15cm×15cm
　　　　茎布／15cm×15cm（7mm 宽
　　　　的斜丝茎布带 1m 左右）
铁丝（28#）：36cm×8 根
别针（2.5cm）：1 个

❧ 制作方法

1. 将棉制雪纺和白坯布染色（参考 P.34~36）。
2. 将棉制雪纺和花萼用的白坯布上浆（参考 P.37）。
3. 按照纸型剪下花瓣与花萼。
4. 将 A、B、C 的花瓣捏出卷边（参考 P.44）。
5. D 的花瓣对折，夹入已对折的铁丝并涂白胶固定（参考 P.44）。
6. 花瓣的底部涂白胶，在 5 的两边贴上 1 枚 B，然后包上 1 枚 A 做成大花。在 5 的两边贴上 1 枚 C，包上 2 枚 B 做成小花（参考 P.44）。
7. 按照步骤 4 ~ 6 的方法，做出大（木槿）1 朵、小（木槿）2 朵、大（黑豆）3 朵、小（黑豆）2 朵。
8. 每朵花用涂了白胶的茎布卷 2cm 左右。
9. 花萼用白胶贴在花朵底部。
10. 大（木槿）1 朵和小（木槿）2 朵 1 组，大（黑豆）3 朵和小（黑豆）2 朵 1 组，用涂了白胶的茎布卷好，上下稍微错开做成 2 枝花。
11. 2 枝花与别针一起用涂了白胶的茎布卷好固定。茎布秆底部用剪刀修剪整齐，弯曲茎布秆，整理造型。

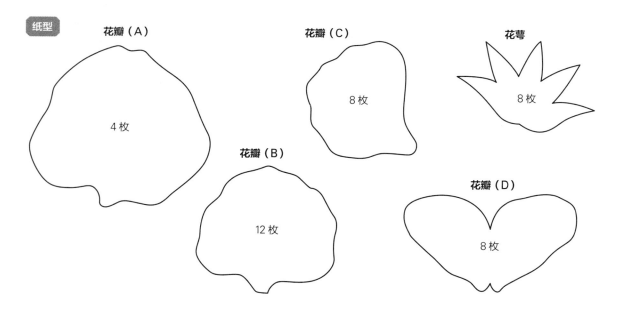

`纸型`

花瓣（A）　4 枚

花瓣（B）　12 枚

花瓣（C）　8 枚

花萼　8 枚

花瓣（D）　8 枚

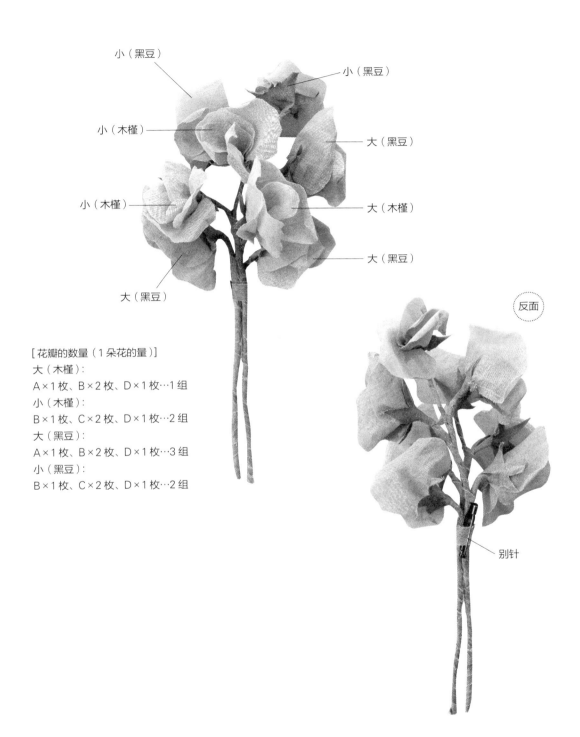

小（黑豆）

小（黑豆）

小（木槿）

大（黑豆）

小（木槿）

大（木槿）

大（黑豆）

大（黑豆）

反面

别针

[花瓣的数量（1 朵花的量）]
大（木槿）：
A×1 枚、B×2 枚、D×1 枚…1 组
小（木槿）：
B×1 枚、C×2 枚、D×1 枚…2 组
大（黑豆）：
A×1 枚、B×2 枚、D×1 枚…3 组
小（黑豆）：
B×1 枚、C×2 枚、D×1 枚…2 组

水仙 ≫ P.16

完成后尺寸：高15.5cm× 宽6cm

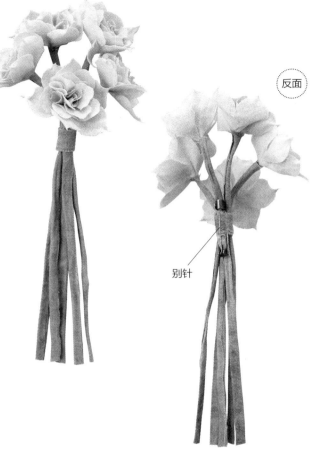

反面

✤ **使用染色材料**
· 花瓣 A、C（10cm×15cm）用洋葱皮明矾媒染
· 花瓣 B、D、E（15cm×20cm）用迷迭香明矾媒染
· 茎布用碱性提取的马黛茶铜媒染

✤ **材料**
白坯布：花瓣／15cm×20cm、10cm×15cm
　　　　茎布／1.5cm×15cm 一共5条
铁丝（28#）：18cm×5 根
别针（2.5cm）：1 个

✤ **制作方法**

1. 将白坯布染色（参考 P.34~36）。
2. 将白坯布上浆（参考 P.37）。
3. 按照纸型剪下花瓣。
4. 铁丝对折，在一端拧出一个小环（参考 P.44）。
5. 花瓣中心用锥子扎孔（参考 P.44）。
6. 花瓣按 A~E 的顺序从小到大穿过铁丝，涂白胶贴好固定（参考 P.44）。
7. 茎布涂白胶，三折将铁丝包裹在中间（参考 P.44）。
8. 按照步骤 **7** 的方法做 5 朵花，5 朵和别针一起用涂了白胶的茎布缠好固定。茎布秆底部用剪刀修剪整齐，整理造型。

别针

纸型

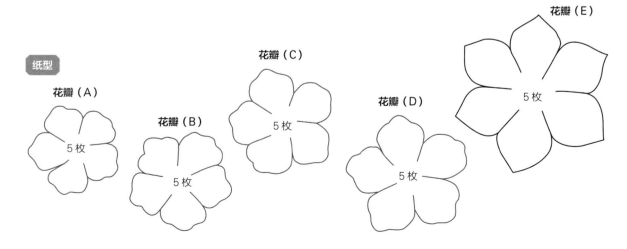

花瓣（A）
5枚

花瓣（B）
5枚

花瓣（C）
5枚

花瓣（D）
5枚

花瓣（E）
5枚

堇菜 » P.17

完成后尺寸：高9.5cm× 宽7cm

❧ 使用染色材料
· 花瓣用黑豆明矾媒染
· 花萼和茎布用咖啡铜媒染
· 花蕊用洋葱皮提取液染色

❧ 材料
棉绒：花瓣／10cm×15cm　花萼／10cm×10cm
白坯布：茎布／14cm×14cm
　　　　（7mm 宽的斜丝茎布带80cm 左右）

花蕊：3 根
铁丝（28#）：18cm×5 根
别针（2cm）：1 个

❧ 制作方法
1. 将棉绒和白坯布染色（参考 P.34~36）。
2. 毛笔蘸洋葱皮提取液涂在花蕊上。
3. 将棉绒上浆（参考 P.37）。
4. 按照纸型剪下花瓣。
5. 花蕊对半剪开，拧上对折的铁丝。（参考 P.44）。
6. 铁丝卷上涂了白胶的茎布（参考 P.44）。
7. 花瓣正面底部涂白胶，包上花蕊贴在茎布秆上（参考 P.44）。
8. 花萼涂白胶，包裹在茎布秆外，底部用手指捏出褶皱。
9. 打开花瓣整理形状（参考 P.44）。
10. 按照步骤 8 的方法做 5 枝花，其中 1 枝不用打开作为花苞。
11. 5 枝花组成一束，和别针一起用涂了白胶的茎布缠绕起来固定。茎布秆底端用剪刀修剪整齐，弯曲茎布秆，整理造型。

花苞

反面

别针

纸型

花

花萼

5枚

5枚

千日红 »**P.18**

完成后尺寸：高 16.5cm × 宽 6.5cm

✤ 使用染色材料

· 花瓣、花蕊布、花蕊底布用碱性提取的洋葱皮无媒染
· 叶、茎布、毛球花边用迷迭香铜媒染
· 刺绣线用洋葱皮明矾媒染

✤ 材料

白坯布：花瓣、花芯、蕊／10cm×30cm　叶／10cm×10cm
　　　　茎布／12cm×12cm（7mm宽的斜丝茎布带60cm左右）
毛球花边（8mm宽）：2cm×2根
25号刺绣线（白）：30cm
铁丝（28#）：叶／9cm×4根　花芯、茎布／36cm×2根
别针（2.5cm）：1个

✤ 制作方法

1. 将白坯布、毛球花边、刺绣线染色（参考 P.34~36）。
2. 将白坯布上浆（参考 P.37）。
3. 按照纸型剪下叶片。
4. 将花瓣、花蕊布、花蕊底布剪下。花瓣剪出切口，涂白胶贴上2根1cm的刺绣线（参考P.45）。
5. 铁丝卷上毛球花边用作花蕊（参考P.42的紫菀）。
6. 卷上涂了白胶的花蕊布（参考P.45）。
7. 按照步骤**6**的方法再做1枝，卷上涂了白胶的花蕊底布（参考P.45）。
8. 花瓣涂白胶，按照无线→有线的顺序卷在花蕊上（参考P.45）。
9. 叶片背面涂白胶，贴上9cm的铁丝。
10. 叶片紧贴花朵下方，卷上涂了白胶的茎布。
11. 2枝花组合起来，和别针一起卷上涂了白胶的茎布。茎布秆底部用剪刀修剪整齐，整理造型。

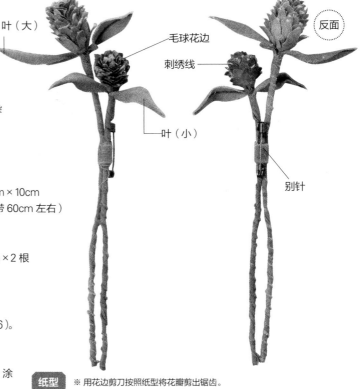

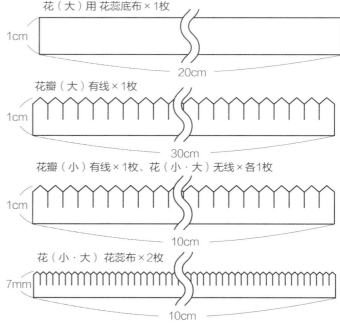

纸型　※ 用花边剪刀按照纸型将花瓣剪出锯齿。

花（大）用 花蕊底布×1枚
1cm　20cm

花瓣（大）有线×1枚
1cm　30cm

花瓣（小）有线×1枚、花（小·大）无线×各1枚
1cm　10cm

花（小·大）花蕊布×2枚
7mm　10cm

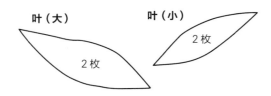

叶（大）　2枚
叶（小）　2枚

洋桔梗 »P.19

完成后尺寸：高17.5cm× 宽9cm

纸型在 P.70。

反面

别针

❧ 使用染色材料

【紫色系】

· 花瓣用木槿明矾媒染
· 花萼、叶、茎布用碱性提取的马黛茶铜媒染
· 花蕊用洋葱皮提取液染色

【粉色系】

· 花瓣用黑豆明矾媒染
· 花萼、叶、茎布用碱性提取的马黛茶铜媒染
· 花蕊用洋葱皮提取液染色

❧ 材料

棉制雪纺：花瓣／20cm×30cm

白坯布：花萼、叶／10cm×10cm

　　　　茎布／12cm×12cm（7mm 宽的斜丝茎布带50cm 左右）

花蕊：10 根

铁丝（26#）：茎布／18cm×1 根

铁丝（28#）：叶／36cm×2 根

别针（2.5cm）：1 个

❧ 制作方法

1. 将棉制雪纺和白坯布染色（参考P.34~36）。
2. 毛笔蘸洋葱皮提取液涂在花蕊上。
3. 将棉制雪纺和白坯布上浆（参考P.37）。
4. 按照纸型剪下花瓣、花萼、叶片。
5. 花瓣用手指揉出卷边（参考P.44的香豌豆）。
6. 5根花蕊对折，卷上铁丝（参考P.45）。
7. 花瓣A的底部涂白胶，贴在花蕊外侧（参考P.45）。
8. 错开 1cm 左右，按照花瓣 A6 枚→花瓣 B6 枚的顺序涂白胶贴好（参考 P.45）。小花用 8 枚花瓣 A 每片错开 1cm 贴起来。
9. 花萼中心用锥子扎孔，涂上白胶穿过铁丝，用手指捏出褶皱。
10. 叶片中间夹铁丝，两片涂白胶贴起来。
11. 小花的铁丝部分用涂了白胶的茎布卷 3cm 左右，夹上叶片卷 10cm 左右。
12. 大花的铁丝部分用涂了白胶的茎布卷 7cm 左右，再放上小花，用茎布一直卷到底。
13. 用涂了白胶的茎布将别针缠在茎布秆上，整理造型。

菜花 >> P.20

完成后尺寸：高 15.5cm × 宽 4.5cm

反面

别针

✤ 使用染色材料

- 花瓣、花苞、花蕊用洋葱皮明矾媒染
- 毛球花边用迷迭香铜媒染
- 叶、茎布用碱性提取的马黛茶铜媒染

✤ 材料

毛毡：花瓣／5cm×10cm　叶／5cm×5cm
白坯布：花苞／3cm×7cm
　　　　茎布／12cm×12cm（7mm 宽的斜丝茎布带 50cm 左右）
毛球花边（8mm 宽）：5cm
毛球花边（1cm 宽）：7cm
花蕊：16 根
花蕊（大）：花苞／3 根
铁丝（28#）：叶／9cm×1 根　茎布／36cm×1 根
别针（2.5cm）：1 个

✤ 制作方法

1. 将毛毡和白坯布染色（参考 P.34~36）。
2. 毛笔蘸花瓣和花苞的媒染液涂在花蕊上。
3. 将白坯布上浆（参考 P.37）。
4. 按照纸型剪下花瓣、花苞、叶片。
5. 用手揉搓花瓣使切口更自然。
6. 铁丝卷上 8mm 的毛球花边（参考 P.45）。
7. 再卷上 1cm 宽的毛球花边。
8. 花蕊（大）对折，涂白胶包上花苞用的布（参考 P.45）。
9. 花瓣中心用锥子扎孔，穿过对折的花蕊涂白胶固定（参考 P.45）。
10. 叶片背面涂白胶贴上铁丝。
11. 按花蕊→花苞→花瓣（小）→花瓣（大）的顺序，组成球形，用涂了白胶的茎布卷好固定（参考 P.45）。
12. 再从上方开始卷上涂了白胶的茎布，卷 4cm 左右夹上叶片一直卷到底。
13. 用涂了白胶的茎布将别针固定在茎布秆上。弯曲茎布秆，整理造型。

纸型

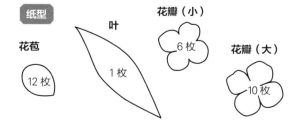

花苞
12 枚

叶
1 枚

花瓣（小）
6 枚

花瓣（大）
10 枚

月季 ≫ P.21

完成后尺寸：高 12 cm × 宽 12 cm

✤ 使用染色材料

【紫色系】
· 花瓣用黑豆明矾媒染
· 花萼、茎布、叶用咖啡铜媒染
· 花蕊用洋葱皮提取液染色

【赤系】
· 花瓣用洋葱皮碱性媒染
· 花萼、茎布、叶用洋葱皮铁媒染
· 花蕊用洋葱皮提取液染色

✤ 材料

白坯布：花／20 cm × 30 cm　叶／5 cm × 10 cm
　　　　茎布／10 cm × 10 cm（7mm 宽的斜丝茎布带 30 cm 左右）
棉绒：花萼、叶／10 cm × 10 cm
花蕊：10 根
铁丝（26#）：花芯、茎布／36 cm × 1 根
铁丝（28#）：叶／18 cm × 2 根
别针（2.5 cm）：1 个

✤ 制作方法

1. 将白坯布和棉绒染色（参考 P.34~36）。
2. 毛笔蘸洋葱皮提取液涂在花蕊上。
3. 将白坯布和棉绒上浆（参考 P.37）。
4. 按照纸型剪下花瓣、花萼、叶。
5. 花瓣用手指揉出卷边（参考 P.44 的香豌豆）。
6. 10 根花蕊对折，卷上铁丝（参考 P.43 的百日草）。
7. 花瓣（小）对折，每一片稍微错开地叠在一起，底部缝起来抽紧做成球形（参考 P.46）。再用同样的方法处理花瓣（中）18 枚做成另一个球形。
8. 按从小到大的顺序将中心花瓣穿过铁丝，分别涂上白胶贴好（参考 P.46）。
9. 剩余的花瓣（中）底部涂白胶，一片片错开地贴在外圈。花瓣（大）也用同样的方法贴起来（参考 P.46）。
10. 花萼中心用锥子扎孔，穿过铁丝，用白胶贴在花朵底部。
11. 叶片中间夹铁丝，用白胶将两片贴一起（叶片正面用棉绒，背面用白坯布），然后用锥子刻画茎布脉（参考 P.41 的步骤 **22**）。
12. 花朵茎布秆卷上涂了白胶的茎布，同时大叶片用茎布卷 3cm 左右，夹上小叶片和花朵的茎布秆一直卷到底。
13. 用涂了白胶的茎布将别针缠在茎布秆上固定。弯曲茎布秆，整理造型。

反面

别针

纸型在 P.71。

金丝桃果 » P.22

完成后尺寸：高10.5cm× 宽7cm

（反面）

别针

❖ **使用染色材料**

·果实、花萼、叶、茎布全部用咖啡铜媒染

❖ **材料**

毛线（极细）：果实／4m

毛毡：花萼／10cm×10cm

棉绒：叶（正面）／5cm×10cm

白坯布：叶（反面）／5cm×10cm

　　　　茎布／12cm×12cm（7mm宽的斜丝茎布带60cm左右）

木珠子（直径8cm×10mm）：7 个

铁丝（28#）：叶／9cm×2 根

　　　　　　茎布／18cm×7 根

别针（2cm）：1 个

❖ **制作方法**

1. 将毛线、毛毡、棉绒、白坯布染色（参考 P.34~36）。

2. 将棉绒、叶片用白坯布上浆（参考 P.37）。

3. 按照纸型剪下花萼与叶片（叶片正面用棉绒，反面用白坯布）。

4. 揉搓花萼使边缘更自然。

5. 毛线穿过针眼，通过木珠子的孔将珠子整体包裹起来，将多余的线头剪掉，做成果实（参考 P.46）。

6. 用锥子将果实中间扎孔，插入对折的铁丝（参考 P.46）。

7. 花萼中间用锥子扎孔，穿过铁丝用白胶贴在果实底部。

8. 用涂了白胶的茎布在铁丝上卷 3cm 左右。

9. 按3根1组 ×1枝、2根1组 ×2枝的果实组合起来，卷上涂了白胶的茎布，底端留 2cm 左右（参考 P.46）。

10. 叶片夹铁丝，涂白胶将两片贴一起，用锥子刻画叶脉（参考 P.41 的步骤 **22**）。

11. 3枝果实组成一束，夹上叶片，用涂了白胶的茎布卷到底。

12. 用涂了白胶的茎布将别针缠卷固定在茎布秆上。弯曲茎布秆整理造型完成。

纸型

花萼

7枚

叶

4枚

小苍兰 ≫P.23

完成后尺寸：高13cm× 宽9cm

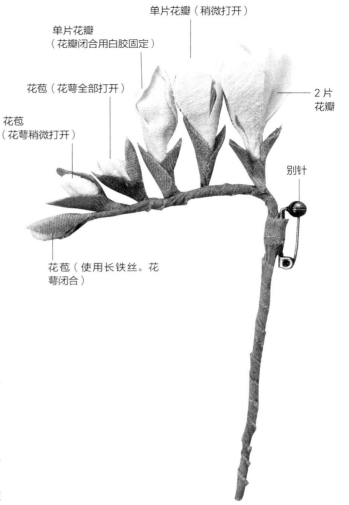

单片花瓣（稍微打开）

单片花瓣
（花瓣闭合用白胶固定）

花苞（花萼全部打开）

花苞
（花萼稍微打开）

2片
花瓣

别针

花苞（使用长铁丝。花
萼闭合）

❀ 使用染色材料

- 花瓣和花苞用迷迭香明矾媒染
- 花萼和茎布用迷迭香铜媒染
- 花蕊用洋葱皮提取液染色

❀ 材料

棉绒：花瓣、花苞 / 10cm×15cm

花萼 / 5cm×7cm

白坯布：茎布 / 12cm×12cm

（7mm 宽的斜丝茎布带 50cm 左右）

花蕊：18 根

铁丝（28#）：茎布 / 18cm×5 根、36cm×1 根

别针（2cm）：1 个

❀ 制作方法

1. 将棉绒和白坯布染色（参考 P.34~36）。
2. 毛笔蘸洋葱皮提取液涂在花蕊上。
3. 将棉绒上浆（参考 P.37）。
4. 花苞用的布涂满白胶，包裹在已对折的铁丝上。花萼涂白胶贴在花苞上（参考 P.46）。
5. 用同样的方法另做 2 枝（1 枝的花萼稍微打开，另 1 枝的花萼全部打开）。
6. 6根花蕊用铁丝卷起来，2枚花瓣底部涂白胶，包裹在花蕊外。花萼涂白胶贴在花朵底部（参考 P.46）。
7. 用步骤 6 的方法，做 2 枝单片花瓣的花朵（1 枝的花瓣略微打开，另 1 枝花瓣闭合涂白胶固定）。
8. 按从花苞到花朵的顺序，略微错开地用涂了白胶的茎布缠卷起来（参考 P.46）。
9. 用涂了白胶的茎布将别针固定在茎布秆上。弯曲茎布秆，整理造型。

纸型

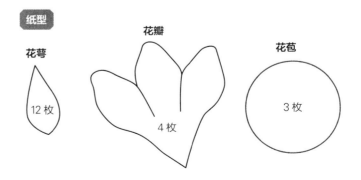

花萼

12 枚

花瓣

4 枚

花苞

3 枚

万寿菊 >> P.24

完成后尺寸：高 16cm × 宽 5cm

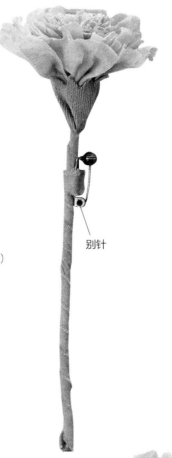

别针

❧ 使用染色材料

【黄色系】

·花瓣、花蕊布、毛球花边用洋葱皮明矾媒染

·花萼和茎布用迷迭香铜媒染

【橙色系】

·花瓣、花蕊布、毛球花边用洋葱皮明矾媒染

·花萼和茎布用迷迭香铜媒染

❧ 材料

棉制雪纺：花瓣／15cm×30cm

白坯布：花芯／1.5cm×20cm

　　　　茎布／10cm×10cm（7mm 宽的斜丝茎布带 30cm 左右）

棉绒：花萼／5cm×7cm

毛球花边（0.8cm 宽）：5cm

铁丝（26#）：茎布／36cm×1 根

别针（2cm）：1 个

❧ 制作方法

1. 将棉制雪纺、白坯布、棉绒、毛球花边染色（参考 P.34~36）。
2. 将棉制雪纺、白坯布、棉绒上浆（参考 P.37）。
3. 按照纸型剪下花瓣和花萼。
4. 花蕊布剪成 1.5cm×20cm，并剪出切口（参考 P.42 的紫菀）。
5. 铁丝卷上毛球花边做成中心的花蕊（参考 P.47）。
6. 中心花蕊外卷上涂了白胶的花蕊布（参考 P.47）。
7. 每片花瓣对折，底部缝起来抽紧（参考 P.43 的洋甘菊）。再做 2 枚大小不同的花瓣。
8. 按从小到大的顺序将花瓣穿过铁丝，分别涂白胶贴好（参考 P.47）。
9. 铁丝卷上涂了白胶的茎布。
10. 花萼涂白胶包裹在花朵底部。
11. 用涂了白胶的茎布将别针缠卷固定在茎布秆上。整理造型。

纸型在 P.71。

花粉（毛球花边）

靠近中心的部分
细细剪出切口

矢车菊 >> P.25

完成后尺寸：高11cm× 宽5cm

❧ 使用染色材料

· 花瓣（粉色）与花蕊用黑豆明矾媒染
· 花瓣（蓝色）用黑豆铁媒染
· 花瓣（浅蓝）用黑豆铜媒染
· 叶、花萼、茎布用迷迭香铜媒染

❧ 材料

白坯布：花瓣 / 15cm×10cm 一共3枚
　　　　花萼 / 4cm×10cm
　　　　茎布 / 12cm×12cm（7mm 宽的斜丝茎布带60cm 左右）
棉绒：叶 / 5cm×7cm
25号刺绣线（白）：12cm×3 根
铁丝（28#）：叶 / 9cm×6 根
　　　　　　　茎布 / 18cm×3 根
别针（2.5cm）：1 个

❧ 制作方法

1. 将白坯布与棉绒、刺绣线染色（参考 P.34~36）。
2. 将白坯布、棉绒上浆（参考 P.37）。
3. 按照纸型剪下花瓣、叶、花萼（花萼用花边剪刀剪出锯齿）。
4. 铁丝对折，刺绣线剪成 3cm，取 4 根用铁丝拧3cm 左右，作为花蕊（参考 P.47）。
5. 花瓣底部涂白胶，左右折起来（参考 P.47）。一共做 10 枚。
6. 花瓣底部涂白胶，一片片稍微错开地贴在花蕊周围（参考 P.47）。
7. 花萼中心用锥子扎孔，穿过铁丝用白胶贴在花朵底部，揉出褶皱。
8. 叶片背面涂白胶贴上铁丝。
9. 将步骤 7 的铁丝用涂了白胶的茎布卷 1.5cm 左右，夹上叶片一直卷到底。
10. 按照步骤 9 的方法做 3 枝，和别针一起用涂了白胶的茎布缠好固定，整理造型。

反面

别针

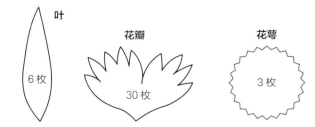

纸型

叶

6枚

花瓣

30枚

花萼

3枚

尤加利 >> P.26

完成后尺寸：高13cm× 宽6.5cm

❀ 使用染色材料

· 叶片用碱性提取的马黛茶铜媒染
· 茎布用咖啡铁媒染

❀ 材料

棉绒：叶／15cm×15cm
白坯布：茎布／12cm×12cm（7mm宽的斜丝
　　　　　　茎布带50cm左右）
铁丝（28#）：叶／9cm×12根
　　　　　　茎布／36cm×1根
别针（2.5cm）：1个

❀ 制作方法

1. 将棉绒和白坯布染色（参考P.34~36）。
2. 将棉绒上浆（参考P.37）。
3. 按照纸型剪下叶片。
4. 叶片涂白胶夹上铁丝，两片贴一起。
5. 将36cm的铁丝对折，折叠的部分用涂了白胶的茎布卷1cm左右。随后按A~F从小到大的顺序将叶片一起缠卷起来。
6. 将顶端的叶片弯曲成花苞一样的形状。
7. 用涂了白胶的茎布将别针固定在茎布秆上。交错调整叶片的位置，整理造型。

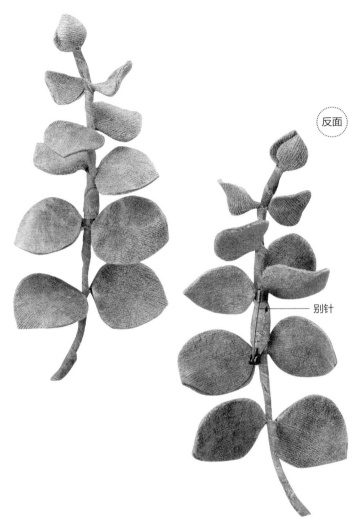

反面

别针

纸型 各4枚

叶（A）

叶（B）

叶（C）

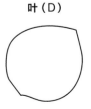
叶（D）

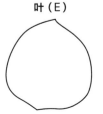
叶（E）

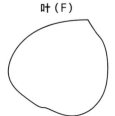
叶（F）

丁香 >> P.27

完成后尺寸：高15.5cm× 宽8cm

✿ 使用染色材料
· 花瓣与花茎布用木槿明矾媒染
· 茎布用咖啡铁媒染
· 花蕊用洋葱皮提取液染色

✿ 材料
棉绒：花瓣 / 17cm × 20cm
白坯布：花茎布 / 10cm × 15cm
　　　　茎布 / 15cm × 15cm（7mm 宽的斜丝茎布带 1m 左右）
花蕊：45 根
铁丝（28#）：茎布 / 18cm × 8 根
　　　　　　顶端的花朵 / 36cm × 1 根
别针（2.5cm）：1 个

✿ 制作方法
1. 将棉绒与白坯布染色（参考 P.34~36）。
2. 毛笔蘸洋葱皮提取液涂在花蕊上。
3. 将棉绒与白坯布上浆（参考 P.37）。
4. 按照纸型剪下花瓣。
5. 花瓣中心用锥子扎孔，刻出十字茎布脉（参考 P.41 的步骤 **22** ）。
6. 将花蕊对折，小花从反面穿过、中花大花从正面穿过（参考 P.47）。
7. 小花瓣涂白胶，将花瓣捏起来，做成花苞。
8. 将花茎布用的布剪成 1cm 宽，涂白胶在花朵底部卷 3cm 左右（参考 P.47）。
9. 将花朵分成小 2、中 3、大 2×3 组，小 2、中 2、大 1×3 组，中 3×3 组，每一组用 18cm 的铁丝对折缠起来（顶端的花朵用 36cm 的铁丝），每一朵花错开地（顺序可按自己喜好）用涂了白胶的茎布卷起来（参考 P.47）。
10. 将步骤 **9** 的花朵稍微错开地用涂了白胶的茎布卷好固定。
11. 用涂了白胶的茎布将别针固定在茎布秆上。弯曲茎布秆，整理造型。

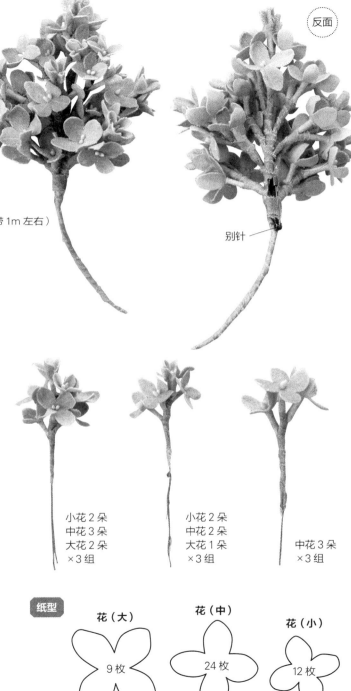

反面

别针

小花 2 朵
中花 3 朵
大花 2 朵
×3 组

小花 2 朵
中花 2 朵
大花 1 朵
×3 组

中花 3 朵
×3 组

纸型

花（大）
9枚

花（中）
24枚

花（小）
12枚

百日草（制作方法P.55）

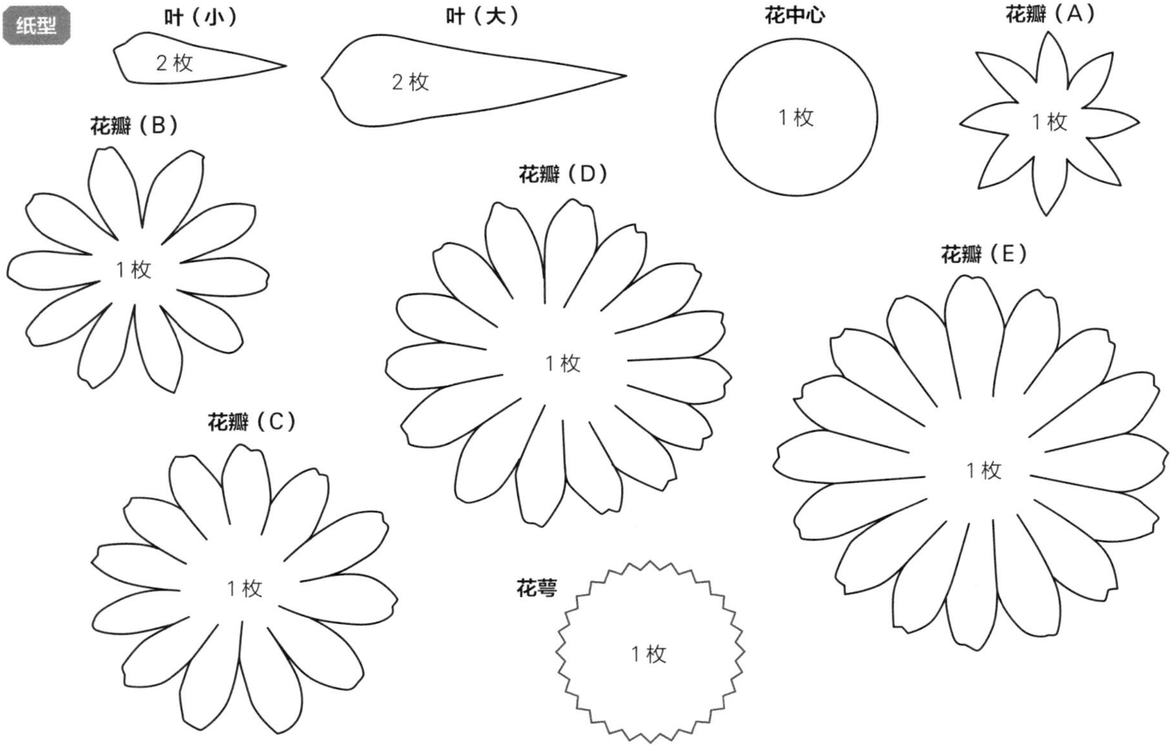

纸型

叶（小）
2枚

叶（大）
2枚

花中心
1枚

花瓣（A）
1枚

花瓣（B）
1枚

花瓣（D）
1枚

花瓣（E）
1枚

花瓣（C）
1枚

花萼
1枚

洋桔梗（制作方法P.61）

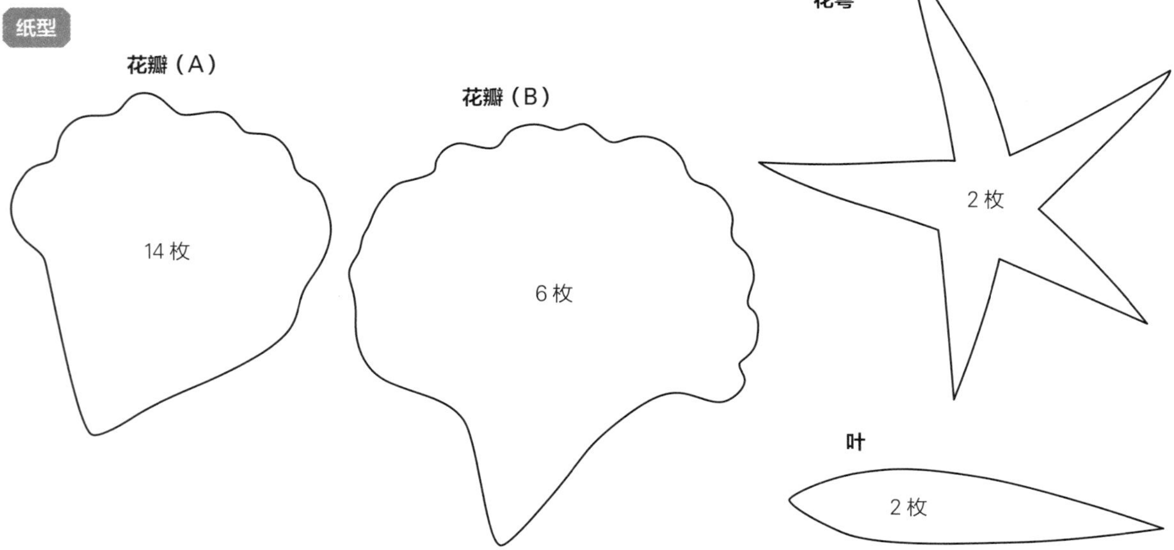

纸型

花瓣（A）
14枚

花瓣（B）
6枚

花萼
2枚

叶
2枚

月季（制作方法P.63）

`纸型`

叶（大）

2 枚

叶（小）

2 枚

花萼

1 枚

花瓣（大）

10 枚

花瓣（中）

30 枚

花瓣（小）

10 枚

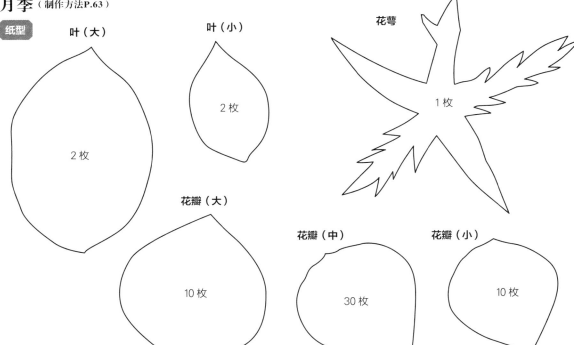

万寿菊（制作方法P.66）

`纸型`

花瓣（大）

1 枚

※ 长度是纸型的 3 倍

花瓣（中）

1 枚

※ 长度是纸型的 3 倍

花瓣（小）

1 枚

※ 长度是纸型的 3 倍

花萼

1 枚

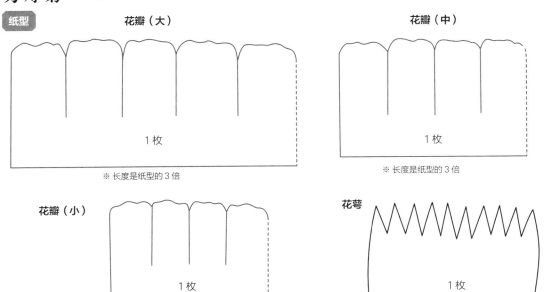

灰蓝色花朵项链 » P.28

完成后尺寸：高10cm× 宽22cm（布花部分）

✤ 材料

棉绒织带（0.6cm 宽）：60cm×2 条
各布花材料
茎布

※ 染色材料参考色彩样本（P.38），可以按喜好
选择。

✤ 制作方法

1. 棉绒织带用黑豆铁媒染（参考 P.34~36）。
2. 制作绣球花 2 组（参考 P.49）、橄榄叶 3 组（参考 P.51）、满天星 3 组（参考 P.52）、金丝桃果 3 组（参考 P.64）、丁香 3 组（参考 P.69）。
3. 花朵与铁丝一起用涂了白胶的茎布按顺序缠绕起来。
4. 铁丝两端弯成环状，穿入丝带涂白胶固定。

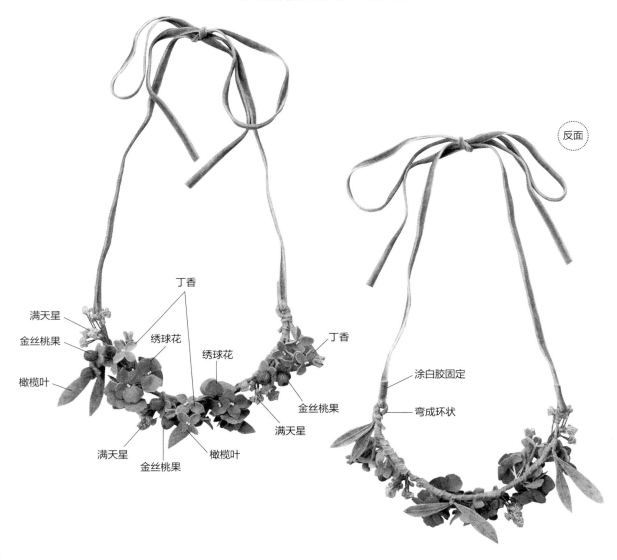

反面

丁香
满天星
金丝桃果
橄榄叶
绣球花
绣球花
满天星
金丝桃果
橄榄叶
丁香
金丝桃果
满天星
涂白胶固定
弯成环状

小花朵项链 ≫ P.28

完成后尺寸：高4cm× 宽60cm（布花部分）
各布花材料

✤ 材料

蕾丝织带（0.6cm 宽）：1.5 m
各布花材料
※ 染色材料参考色彩样本（P.38），可以按喜好
　选择。

✤ 制作方法

1. 蕾丝织带用咖啡铁媒染（参考
   P.34~36）。
2. 制作香豌豆3组（参考 P.56~57）、
   小苍兰3组（参考 P.65）、小万寿菊
   2组（参考 P.66）、矢车菊2组（参
   考 P.67），小万寿菊仅使用花瓣（小）
   的纸型制作。
3. 花的茎布秆用蕾丝织带缠绕2圈之后
   打结（间距约6cm，顺序可按喜好
   排列）。

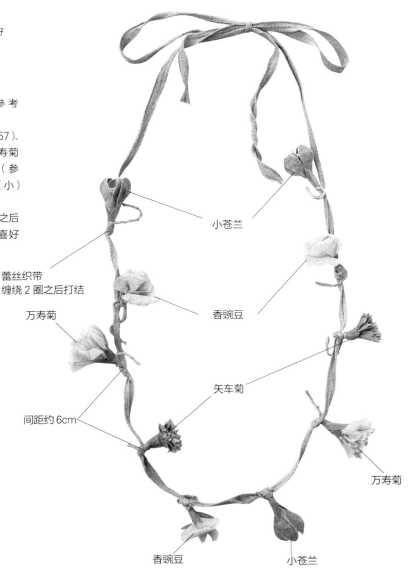

小苍兰

蕾丝织带
缠绕2圈之后打结

万寿菊

香豌豆

矢车菊

间距约6cm

万寿菊

香豌豆

小苍兰

棉绒织带发饰 ≫ P.29

完成后尺寸：高 5.5cm × 宽 10cm （布花部分）

❧ **材料**

棉绒织带（2.4cm 宽）：30cm×3 根、
7cm×1 根
发夹（8cm）：1 个
各布花材料

※ 染色材料参考色彩样本（P.38）、可以按喜好选择。

❧ **制作方法**

1. 棉绒织带用黑豆铁媒染（参考 P.34~36）。

2. 制作金丝桃果 1 组（参考 P.64）、尤加利 1 枝（参考 P.68）。

3. 3条30cm的棉绒织带叠成环状，和金丝桃果以及尤加利一起，用涂了白胶的7cm织带缠卷固定。

4. 背面缝上发夹。

金丝桃果

织带（30cm）

尤加利

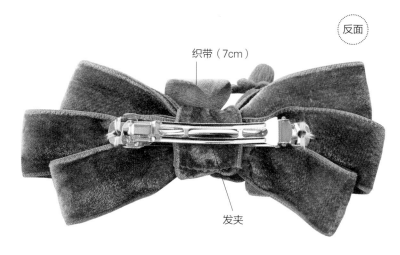

反面

织带（7cm）

发夹

小花束胸花 » P.30

完成后尺寸：高12cm× 宽8.5cm （布花部分）

✤ 材料

棉绒织带（1.8cm宽）：50cm
别针（2.5cm）：1个
各布花材料
茎布
※ 染色材料参考色彩样本（P.38）、可以按喜好选择。

✤ 制作方法

1. 棉绒织带用洋葱皮明矾媒染（参考P.34~36）。
2. 制作橄榄花1枝（参考P.51）、满天星3组（参考P.52）、洋甘菊6枝（参考P.53）。
3. 所有的花组成一束，茎布秆和别针一起卷上涂了白胶的茎布。
4. 茎布秆上用丝带打结。

洋甘菊

橄榄花

满天星

反面

别针

尤加利花束胸花 » P.30

完成后尺寸：高13.5cm× 宽7.5cm

✦ 材料

别针（2.5cm）：1个
各布花材料
茎布
※ 染色材料参考色彩样本（P.38）、可以按喜好选择。

✦ 制作方法

1. 制作堇菜1组（参考 P.59）、干日红（大）2枝（参考 P.60）、洋桔梗（小）2枝（参考 P.61）、尤加利2枝（参考 P.68）。

2. 其中1枝尤加利与别的花组合起来，缠上涂了白胶的茎布，另1枝尤加利反方向缠在另一头。

3. 用涂了白胶的茎布将别针缠绕在茎布秆上。

尤加利
堇菜
干日红
洋桔梗
尤加利
反面
别针

百日草发圈 >> P.29

完成后尺寸：直径 5cm（布花部分）

反面

✤ 材料

发圈：1 根
百日草材料
毛毡
※ 染色材料参考色彩样本（P.38）、可以按喜好选择。

✤ 制作方法

1. 制作百日草（参考 P.55）。
2. 从花朵底部剪去铁丝，底部涂白胶，贴上发圈。
3. 毛毡剪一个直径 2.5cm 的圆形，边缘用花边剪刀剪成锯齿状。
4. 步骤 3 上涂白胶与花朵贴在一起固定。

圆形毛毡

发圈

小苍兰耳环 >> P.31

完成后尺寸：高 5~5.5cm × 宽 2.5~3.5cm（布花部分）

✤ 材料

耳钩：1 对
单圈（直径 5mm）：2 个
小苍兰材料
茎布
※ 染色材料参考色彩样本（P.38）、可以按喜好选择。

✤ 制作方法

1. 制作 3 朵小苍兰（花苞 1 个、单片花瓣的花 1 朵、2 片花瓣的花 1 朵）（参考 P.65）。
2. 花苞 1 个、单片花瓣的花 1 朵组合起来，缠上涂了白胶的茎布。另一只耳环将 2 片花瓣的花朵用涂了白胶的茎布缠起来。
3. 弯曲 2 枝花的茎布秆，做成环状。
4. 用单圈连接花朵和耳钩。

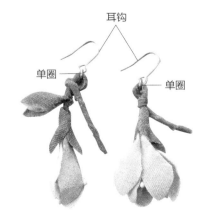

耳钩

单圈

单圈

波斯菊耳钉 >> P.31

完成后尺寸：高 2.5cm × 宽 2.5cm

✤ 材料

耳钉底座：1 对
波斯菊材料
※ 染色材料参考色彩样本（P.38）、可以按喜好选择。

✤ 制作方法

1. 将纸型缩小到 60%、2 片花瓣重叠做 2 朵波斯菊（参考 P.54）。
2. 将花萼布料剪一片直径 2.5cm 的圆，边缘用花边剪刀剪出锯齿。
3. 耳钉底座穿过花萼的中心，在里面涂白胶与花朵固定在一起。
4. 插入耳堵。

反面

耳钉底座

紫菀金丝桃果 耳钉 >> P.31

完成后尺寸：高 6cm × 宽 4cm（布花部分）

✤ 材料

耳钉底座：1 对
各布花材料
毛毡
※ 染色材料参考色彩样本（P.38）、可以按喜好选择。

✤ 制作方法

1. 分别做 2 朵紫菀（参考 P.50）和 2 个金丝桃（参考 P.64）。
2. 毛毡剪下直径 1.5cm 的圆。
3. 在步骤 **2** 的中心插入耳钉底座，夹入金丝桃果，在紫菀底部涂白胶固定。
4. 插入耳堵。

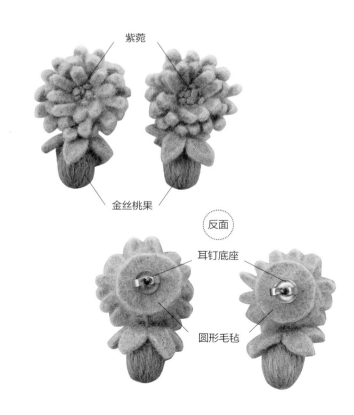

紫菀

金丝桃果

反面

耳钉底座

圆形毛毡

水仙耳钉 »P.31

完成后尺寸: 高 3.5cm × 宽 3.5cm（布花部分）

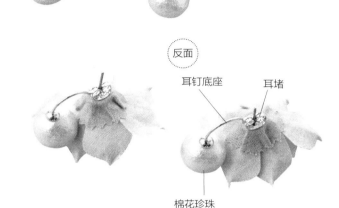

✤ 材料

耳钉底座: 1 对
带底座耳堵: 1 对
棉花珍珠（直径 12cm）: 2 个
水仙材料
※ 染色材料参考色彩样本（P.38）、可以按喜好选择。

反面

耳钉底座　　耳堵

棉花珍珠

✤ 制作方法

1. 制作 2 朵水仙（参考 P.58）。
2. 花萼剪成直径 2.5cm 的圆，边缘用花边剪刀剪出锯齿。
3. 花萼中心插入耳钉底座，里面涂白胶与花朵贴好固定。
4. 耳堵涂首饰用胶水，贴上棉花珍珠。
5. 插入耳堵。

丁香满天星耳环 »P.31

完成后尺寸:高 6cm × 宽 4cm、高 5cm × 宽 3cm（布花部分）

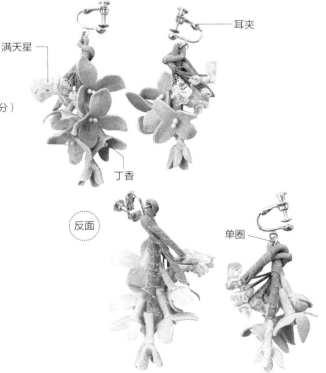

满天星

耳夹

丁香

反面

单圈

✤ 材料

耳夹: 1 对
单圈（直径 5mm）: 2 个
各布花材料
茎布
※ 染色材料参考色彩样本（P.38）、可以按喜好选择。

✤ 制作方法

1. 制作 2 组满天星（参考 P.52）、2 枝大小不同的丁香（参考 P.69）。
2. 丁香和满天星组合在一起，茎布秆缠上涂了白胶的茎布，弯曲成环状。
3. 用单圈连接花朵与耳夹。

作者简介

Veriteco
设计　　**浅田真理子**

日本栃木县出生。在东京生活了 20 年，于 2015 年移居到香川县的丰岛，在人烟稀少的小岛上与大自然一起亲密地生活，开始真正地用草木染色的素材制作布花。
http://veriteco.com/

日本工作人员

发行者	大沼 淳
设计・制作	浅田真理子
摄影	福井裕子
造型师	露木 蓝（Studio Dunk）
书籍设计	山田素子、菅沼祥平（Studio Dunk）
纸型复写	和田七濑
编辑・文案	鞍田惠子
编辑	吉冈奈美（Fig inc）
	平山伸子（文化出版局）
制作协力	浅田美树雄
材料协力	蓝熊染料株式会社
	tel：03-3841-5760
	url：http://www.aikuma.co.jp

原文书名：草木染布花図鑑
原作者名：Veriteco

NUNOHANA ZUKAN by Veriteco
Copyright © EDUCATIONAL FOUNDATION BUNKA GAKUEN BUNKA PUBLISHING BUREAU, 2016 All rights reserved.
Original Japanese edition published by EDUCATIONAL FOUNDATION BUNKA GAKUEN BUNKA PUBLISHING BUREAU
Simplified Chinese translation copyright © 2019 by China Textile & Apparel Press
This Simplified Chinese edition published by arrangement with EDUCATIONAL FOUNDATION BUNKA GAKUEN BUNKA PUBLISHING BUREAU, Tokyo, through
HonnoKizuna, Inc., Tokyo, and Shinwon Agency Co. Beijing Representative Office, Beijing

本书中文简体版经日本文化出版局授权，由中国纺织出版社有限公司独家出版发行。本书内容未经出版者书面许可，不得以任何方式或任何手段复制、转载或刊登

著作权合同登记号：图字：01-2018-6929

图书在版编目（CIP）数据

草木染布花图鉴／（日）浅田真理子著；方一未译. -- 北京：中国纺织出版社有限公司，2019.11
ISBN 978-7-5180-6433-5

Ⅰ.①草… Ⅱ.①浅… ②方… Ⅲ.①布艺品－手工艺品－制作 Ⅳ.① TS973.51

中国版本图书馆 CIP 数据核字（2019）第 153588 号

策划编辑：阚媛媛　责任编辑：李 萍　责任校对：寇晨晨
装帧设计：培捷文化　责任印制：储志伟

中国纺织出版社有限公司出版发行
地址：北京市朝阳区百子湾东里 A407 号楼　邮政编码：100124
销售电话：010—67004422　传真：010—87155801
http://www.c-textilep.com
E-mail: faxing@c-textilep.com
官方微博 http://weibo.com/2119887771
北京华联印刷有限公司印刷　各地新华书店经销
2019 年 11 月第 1 版第 1 次印刷
开本：889×1194　1/16　印张：5
字数：80 千字　定价：52.80 元

凡购本书，如有缺页、倒页、脱页，由本社图书营销中心调换